无论如何也要让梦想成真！

抱着强烈的愿望，

付出不懈的努力，

能力一定能提高，

局面一定能打开。

——稻盛和夫

稻盛和夫时间管理手账

2019 典藏版

本人签名

敬天愛人

稻盛和夫

Calendar
2019

1 January

	1	2	3	4	5	6
7	8	9	10	11	12	13
14	15	16	17	18	19	20
21	22	23	24	25	26	27
28	29	30	31			

2 February

				1	2	3
4	5	6	7	8	9	10
11	12	13	14	15	16	17
18	19	20	21	22	23	24
25	26	27	28			

3 March

				1	2	3
4	5	6	7	8	9	10
11	12	13	14	15	16	17
18	19	20	21	22	23	24
25	26	27	28	29	30	31

4 April

1	2	3	4	5	6	7
8	9	10	11	12	13	14
15	16	17	18	19	20	21
22	23	24	25	26	27	28
29	30					

5 May

		1	2	3	4	5
6	7	8	9	10	11	12
13	14	15	16	17	18	19
20	21	22	23	24	25	26
27	28	29	30	31		

6 June

					1	2
3	4	5	6	7	8	9
10	11	12	13	14	15	16
17	18	19	20	21	22	23
24	25	26	27	28	29	30

7 July

1	2	3	4	5	6	7
8	9	10	11	12	13	14
15	16	17	18	19	20	21
22	23	24	25	26	27	28
29	30	31				

8 August

			1	2	3	4
5	6	7	8	9	10	11
12	13	14	15	16	17	18
19	20	21	22	23	24	25
26	27	28	29	30	31	

9 September

						1
2	3	4	5	6	7	8
9	10	11	12	13	14	15
16	17	18	19	20	21	22
23	24	25	26	27	28	29
30						

10 October

	1	2	3	4	5	6
7	8	9	10	11	12	13
14	15	16	17	18	19	20
21	22	23	24	25	26	27
28	29	30	31			

11 November

				1	2	3
4	5	6	7	8	9	10
11	12	13	14	15	16	17
18	19	20	21	22	23	24
25	26	27	28	29	30	

12 December

						1
2	3	4	5	6	7	8
9	10	11	12	13	14	15
16	17	18	19	20	21	22
23	24	25	26	27	28	29
30	31					

Calendar
2020

1 January

		1	2	3	4	5
6	7	8	9	10	11	12
13	14	15	16	17	18	19
20	21	22	23	24	25	26
27	28	29	30	31		

2 February

					1	2
3	4	5	6	7	8	9
10	11	12	13	14	15	16
17	18	19	20	21	22	23
24	25	26	27	28	29	

3 March

						1
2	3	4	5	6	7	8
9	10	11	12	13	14	15
16	17	18	19	20	21	22
23	24	25	26	27	28	29
30	31					

4 April

		1	2	3	4	5
6	7	8	9	10	11	12
13	14	15	16	17	18	19
20	21	22	23	24	25	26
27	28	29	30			

5 May

				1	2	3
4	5	6	7	8	9	10
11	12	13	14	15	16	17
18	19	20	21	22	23	24
25	26	27	28	29	30	31

6 June

1	2	3	4	5	6	7
8	9	10	11	12	13	14
15	16	17	18	19	20	21
22	23	24	25	26	27	28
29	30					

7 July

		1	2	3	4	5
6	7	8	9	10	11	12
13	14	15	16	17	18	19
20	21	22	23	24	25	26
27	28	29	30	31		

8 August

					1	2
3	4	5	6	7	8	9
10	11	12	13	14	15	16
17	18	19	20	21	22	23
24	25	26	27	28	29	30
31						

9 September

	1	2	3	4	5	6
7	8	9	10	11	12	13
14	15	16	17	18	19	20
21	22	23	24	25	26	27
28	29	30				

10 October

			1	2	3	4
5	6	7	8	9	10	11
12	13	14	15	16	17	18
19	20	21	22	23	24	25
26	27	28	29	30	31	

11 November

2	3	4	5	6	7	1
9	10	11	12	13	14	8
16	17	18	19	20	21	15
23	24	25	26	27	28	22
30						29

12 December

	1	2	3	4	5	6
7	8	9	10	11	12	13
14	15	16	17	18	19	20
21	22	23	24	25	26	27
28	29	30	31			

_____ 年度计划

1月	2月	3月

4月	5月	6月

7月	8月	9月

10月	11月	12月

阿米巴经营单位时间核算表

生产部门单位时间核算表

项目	序号	金额（元）
总出货	A	
公司对外出货	B	
公司内部销售	C	
公司内部采购	D	
生产总值	E	
经费扣除额	F	
原材料费	F1	
设计费	F2	
维修费	F3	
水电费	F4	
运输费	F5	
差旅费	F6	
……		
附加价值	G	
总时间	H	
正常工作时间	H1	
加班时间	H2	
公共时间	H3	
当月单位时间附加价值	I	

注：

总出货（A）=公司对外出货（B）+公司内部销售（C）

生产总值（E）=总出货（A）—公司内部采购（D）

附加价值（G）=生产总值（E）—经费扣除额（F）

当月单位时间附加价值（I）=附加价值（G）/总时间（H）

销售部门单位时间核算表

项目		序号	金额（元）
接单		A	
销售总额		B	
订单生产	销售额	B1	
	获取佣金		
	收益小计	C1	
库存销售	销售额	B2	
	销售成本		
	收益小计	C2	
总收益		C	
经费合计		D	
电话费		D1	
差旅费		D2	
促销费		D3	
销售回扣		D4	
招待费		D5	
水电费		D6	
……			
结算收益		E	
总时间		F	
正常工作时间		F1	
加班时间		F2	
公共时间		F3	
当月单位时间附加价值		G	

注：

总收益（C）＝订单生产的销售佣金＋库存销售收益

结算收益（E）＝总收益（C）—总经费（D）

当月单位时间附加价值（G）＝结算收益（E）/总时间（F）

每月业绩变化表

- 每月如实记录 MP、M/P、预定、实际业绩的变化，把握工作进度

- MP：年度计划中的当月计划
- M/P：当月预定 / 当月计划
- 预定：上月对当月的预期值
- 预定比：当月实绩 / 预定
- 附加价值：收入 —（不含人工成本的进货加工成本 + 经费）

■ 全公司　　年度计划

年度	M/P	上半期比率
订　货		%
总 生 产		%
销 售 额		%
附加价值		%
单位时间 附加价值		%
税前利润		%

■ 全公司　方针

■ 部门　　年度计划

年度	M/P	上半期比率
订　货		%
总 生 产		%
销 售 额		%
附加价值		%
单位时间 附加价值		%
税前利润		%

■ 部门　方针

■ 第一季度　实际业绩变化

年度		1月	2月
订　货	MP		
	预定	M/P 比（　　%）	M/P 比（　　%）
	实绩	预定比（　　%）	预定比（　　%）
总 生 产	MP		
	预定	M/P 比（　　%）	M/P 比（　　%）
	实绩	预定比（　　%）	预定比（　　%）
销 售 额	MP		
	预定	M/P 比（　　%）	M/P 比（　　%）
	实绩	预定比（　　%）	预定比（　　%）
附加价值	MP		
	预定	M/P 比（　　%）	M/P 比（　　%）
	实绩	预定比（　　%）	预定比（　　%）
单位时间 附加价值	MP		
	预定	M/P 比（　　%）	M/P 比（　　%）
	实绩	预定比（　　%）	预定比（　　%）
税前利润	MP		
	预定	M/P 比（　　%）	M/P 比（　　%）
	实绩	预定比（　　%）	预定比（　　%）

部门名称（   ）   单位（   ）

3月	第一季度累计
M/P 比（ ％）	M/P 比（ ％）
预定比（ ％）	预定比（ ％）
M/P 比（ ％）	M/P 比（ ％）
预定比（ ％）	预定比（ ％）
M/P 比（ ％）	M/P 比（ ％）
预定比（ ％）	预定比（ ％）
M/P 比（ ％）	M/P 比（ ％）
预定比（ ％）	预定比（ ％）
M/P 比（ ％）	M/P 比（ ％）
预定比（ ％）	预定比（ ％）
M/P 比（ ％）	M/P 比（ ％）
预定比（ ％）	预定比（ ％）

年度		4 月	5 月
订　货	MP		
	预定	M/P 比（　　%）	M/P 比（　　%）
	实绩	预定比（　　%）	预定比（　　%）
总 生 产	MP		
	预定	M/P 比（　　%）	M/P 比（　　%）
	实绩	预定比（　　%）	预定比（　　%）
销 售 额	MP		
	预定	M/P 比（　　%）	M/P 比（　　%）
	实绩	预定比（　　%）	预定比（　　%）
附加价值	MP		
	预定	M/P 比（　　%）	M/P 比（　　%）
	实绩	预定比（　　%）	预定比（　　%）
单位时间附加价值	MP		
	预定	M/P 比（　　%）	M/P 比（　　%）
	实绩	预定比（　　%）	预定比（　　%）
税前利润	MP		
	预定	M/P 比（　　%）	M/P 比（　　%）
	实绩	预定比（　　%）	预定比（　　%）

部门名称（　　　　　　　　　　　　　　）　　　　　　　　单位（　　　　）

6月	第二季度累计	上半年累计
M/P 比（　　%）	M/P 比（　　%）	M/P 比（　　%）
预定比（　　%）	预定比（　　%）	预定比（　　%）
M/P 比（　　%）	M/P 比（　　%）	M/P 比（　　%）
预定比（　　%）	预定比（　　%）	预定比（　　%）
M/P 比（　　%）	M/P 比（　　%）	M/P 比（　　%）
预定比（　　%）	预定比（　　%）	预定比（　　%）
M/P 比（　　%）	M/P 比（　　%）	M/P 比（　　%）
预定比（　　%）	预定比（　　%）	预定比（　　%）
M/P 比（　　%）	M/P 比（　　%）	M/P 比（　　%）
预定比（　　%）	预定比（　　%）	预定比（　　%）
M/P 比（　　%）	M/P 比（　　%）	M/P 比（　　%）
预定比（　　%）	预定比（　　%）	预定比（　　%）

■第三季度　实际业绩变化

年度		7月	8月
订　货	MP		
	预定	M/P 比（　　%）	M/P 比（　　%）
	实绩	预定比（　　%）	预定比（　　%）
总 生 产	MP		
	预定	M/P 比（　　%）	M/P 比（　　%）
	实绩	预定比（　　%）	预定比（　　%）
销 售 额	MP		
	预定	M/P 比（　　%）	M/P 比（　　%）
	实绩	预定比（　　%）	预定比（　　%）
附加价值	MP		
	预定	M/P 比（　　%）	M/P 比（　　%）
	实绩	预定比（　　%）	预定比（　　%）
单位时间附加价值	MP		
	预定	M/P 比（　　%）	M/P 比（　　%）
	实绩	预定比（　　%）	预定比（　　%）
税前利润	MP		
	预定	M/P 比（　　%）	M/P 比（　　%）
	实绩	预定比（　　%）	预定比（　　%）

部门名称 （   ）   单位 （   ）

9 月	第三季度累计
M/P 比（ ％）	M/P 比（ ％）
预定比（ ％）	预定比（ ％）
M/P 比（ ％）	M/P 比（ ％）
预定比（ ％）	预定比（ ％）
M/P 比（ ％）	M/P 比（ ％）
预定比（ ％）	预定比（ ％）
M/P 比（ ％）	M/P 比（ ％）
预定比（ ％）	预定比（ ％）
M/P 比（ ％）	M/P 比（ ％）
预定比（ ％）	预定比（ ％）
M/P 比（ ％）	M/P 比（ ％）
预定比（ ％）	预定比（ ％）

年度		10 月		11 月	
订　货	MP				
	预定	M/P 比（	％）	M/P 比（	％）
	实绩	预定比（	％）	预定比（	％）
总 生 产	MP				
	预定	M/P 比（	％）	M/P 比（	％）
	实绩	预定比（	％）	预定比（	％）
销 售 额	MP				
	预定	M/P 比（	％）	M/P 比（	％）
	实绩	预定比（	％）	预定比（	％）
附加价值	MP				
	预定	M/P 比（	％）	M/P 比（	％）
	实绩	预定比（	％）	预定比（	％）
单位时间 附加价值	MP				
	预定	M/P 比（	％）	M/P 比（	％）
	实绩	预定比（	％）	预定比（	％）
税前利润	MP				
	预定	M/P 比（	％）	M/P 比（	％）
	实绩	预定比（	％）	预定比（	％）

部门名称 (   )   单位 (   )

12月	第四季度累计	下半年累计
M/P 比 (%)	M/P 比 (%)	M/P 比 (%)
预定比 (%)	预定比 (%)	预定比 (%)
M/P 比 (%)	M/P 比 (%)	M/P 比 (%)
预定比 (%)	预定比 (%)	预定比 (%)
M/P 比 (%)	M/P 比 (%)	M/P 比 (%)
预定比 (%)	预定比 (%)	预定比 (%)
M/P 比 (%)	M/P 比 (%)	M/P 比 (%)
预定比 (%)	预定比 (%)	预定比 (%)
M/P 比 (%)	M/P 比 (%)	M/P 比 (%)
预定比 (%)	预定比 (%)	预定比 (%)
M/P 比 (%)	M/P 比 (%)	M/P 比 (%)
预定比 (%)	预定比 (%)	预定比 (%)

年度盘点

年度	实际业绩	完成率
订货		%
总生产		%
销售额		%
附加价值		%
单位时间附加价值		%
税前利润		%

2019 月历 1

星期一	星期二	星期三	星期四	星期五	星期六	星期日
	1 廿六 元旦	2 廿七	3 廿八	4 廿九	5 三十 小寒	6 腊月 初一
7 初二	8 初三	9 初四	10 初五	11 初六	12 初七	13 初八 腊八
14 初九	15 初十	16 十一	17 十二	18 十三	19 十四	20 十五 大寒
21 十六	22 十七	23 十八	24 十九	25 二十	26 廿一	27 廿二
28 廿三 小年	29 廿四	30 廿五	31 廿六			

2019 月历 2

星期一	星期二	星期三	星期四	星期五	星期六	星期日
				1 廿七	2 廿八	3 廿九
4 三十 除夕	5 正月 初一 春节	6 初二	7 初三	8 初四	9 初五	10 初六
11 初七	12 初八	13 初九	14 初十 情人节	15 十一	16 十二	17 十三
18 十四	19 十五 元宵节	20 十六	21 十七	22 十八	23 十九	24 二十
25 廿一	26 廿二	27 廿三	28 廿四			

2019 月历 3

星期一	星期二	星期三	星期四	星期五	星期六	星期日
				1 廿五	2 廿六	3 廿七
4 廿八	5 廿九	6 三十 惊蛰	7 二月 初一	8 初二 妇女节	9 初三	10 初四
11 初五	12 初六 植树节	13 初七	14 初八	15 初九	16 初十	17 十一
18 十二	19 十三	20 十四	21 十五 春分	22 十六	23 十七	24 十八
25 十九	26 二十	27 廿一	28 廿二	29 廿三	30 廿四	31 廿五

2019 月历 4

星期一	星期二	星期三	星期四	星期五	星期六	星期日
1 廿六 愚人节	2 廿七	3 廿八	4 廿九	5 三月 初一 清明节	6 初二	7 初三
8 初四	9 初五	10 初六	11 初七	12 初八	13 初九	14 初十
15 十一	16 十二	17 十三	18 十四	19 十五	20 十六 谷雨	21 十七 复活节
22 十八 地球日	23 十九 世界读书日	24 二十	25 廿一	26 廿二	27 廿三	28 廿四
29 廿五	30 廿六					

2019 月历 5

星期一	星期二	星期三	星期四	星期五	星期六	星期日
		1 廿七 劳动节	2 廿八	3 廿九	4 三十 青年节	5 三月 初一
6 初二 立夏	7 初三	8 初四	9 初五	10 初六	11 初七	12 初八 母亲节
13 初九	14 初十	15 十一	16 十二	17 十三	18 十四	19 十五
20 十六	21 十七 小满	22 十八	23 十九	24 二十	25 廿一	26 廿二
27 廿三	28 廿四	29 廿五	30 廿六	31 廿七		

2019 月历 6

星期一	星期二	星期三	星期四	星期五	星期六	星期日
					1 廿八 儿童节	2 廿九
3 五月 初一	4 初二	5 初三	6 初四 芒种	7 初五 端午节	8 初六	9 初七
10 初八	11 初九	12 初十	13 十一	14 十二	15 十三	16 十四 父亲节
17 十五	18 十六	19 十七	20 十八	21 十九 夏至	22 二十	23 廿一
24 廿二	25 廿三	26 廿四	27 廿五	28 廿六	29 廿七	30 廿八

7

星期一	星期二	星期三	星期四	星期五	星期六	星期日
1 廿九 建党节	2 三十	3 六月 初一	4 初二	5 初三	6 初四	7 初五 小暑
8 初六	9 初七	10 初八	11 初九	12 初十	13 十一	14 十二
15 十三	16 十四	17 十五	18 十六	19 十七	20 十八	21 十九
22 二十	23 廿一 大暑	24 廿二	25 廿三	26 廿四	27 廿五	28 廿六
29 廿七	30 廿八	31 廿九				

8

星期一	星期二	星期三	星期四	星期五	星期六	星期日
			1 七月 初一 建军节	2 初二	3 初三	4 初四
5 初五	6 初六	7 初七 七夕	8 初八 立秋	9 初九	10 初十	11 十一
12 十二	13 十三	14 十四	15 十五 中元节	16 十六	17 十七	18 十八
19 十九	20 二十	21 廿一	22 廿二	23 廿三 处暑	24 廿四	25 廿五
26 廿六	27 廿七	28 廿八	29 廿九	30 八月 初一	31 初二	

9

星期一	星期二	星期三	星期四	星期五	星期六	星期日
						1 初三
2 初四	3 初五	4 初六	5 初七	6 初八	7 初九	8 初十 白露
9 十一	10 十二 教师节	11 十三	12 十四	13 十五 中秋节	14 十六	15 十七
16 十八	17 十九	18 二十	19 廿一	20 廿二	21 廿三	22 廿四
23 廿五 秋分 30 初二	24 廿六	25 廿七	26 廿八	27 廿九	28 三十	29 九月 初一

10

星期一	星期二	星期三	星期四	星期五	星期六	星期日
	1 初三 国庆节	2 初四	3 初五	4 初六	5 初七	6 初八
7 初九 重阳节	8 初十 寒露	9 十一	10 十二	11 十三	12 十四	13 十五
14 十六	15 十七	16 十八	17 十九	18 二十	19 廿一	20 廿二
21 廿三	22 廿四	23 廿五	24 廿六 霜降	25 廿七	26 廿八	27 廿九
28 十月 初一	29 初二	30 初三	31 初四			

11

星期一	星期二	星期三	星期四	星期五	星期六	星期日
				1 初五 万圣节	2 初六	3 初七
4 初八	5 初九	6 初十	7 十一	8 十二 立冬	9 十三	10 十四
11 十五	12 十六	13 十七	14 十八	15 十九	16 二十	17 廿一
18 廿二	19 廿三	20 廿四	21 廿五	22 廿六 小雪	23 廿七	24 廿八
25 廿九	26 十一月 初一	27 初二	28 初三 感恩节	29 初四	30 初五	

12

星期一	星期二	星期三	星期四	星期五	星期六	星期日
						1 初六
2 初七	3 初八	4 初九	5 初十	6 十一	7 十二 大雪	8 十三
9 十四	10 十五	11 十六	12 十七	13 十八 国家公祭日	14 十九	15 二十
16 廿一	17 廿二	18 廿三	19 廿四	20 廿五	21 廿六	22 廿七 冬至
23 廿八 / 30 初五	24 廿九 平安夜 / 31 初六	25 三十 圣诞节	26 十二月 初一	27 初二	28 初三	29 初四

每周时间管理

第一季 · 阿米巴经营

单纯由管理层来经营企业是远远不够的。

为了企业的持续发展，

必须让全体员工参与经营，

形成强大的合力。

这是阿米巴经营的要谛。

January

　　所谓阿米巴经营，就是把组织划分成一个个小集体，通过各小集体的独立核算制来提升企业整体的效益。同时，在公司内部培养具备经营者意识的领导人，并实现全体员工参与的经营。

| 12/1 月　-第1周-

31 廿五
星期一

1 廿六
星期二
元旦

2 廿七
星期三

3 廿八
星期四

4 廿九
星期五

5 三十
星期六
小寒

6 腊月
初一
星期日

阿米巴经营的两个前提：①企业领导人必须具备应有的伦理道德，具备哲学。这种哲学用一句话来讲就是："作为人，何谓正确？"②必须确立人们一致认同的正确的"经营哲学"，并构筑依据这种哲学的"经营管理体系"。

1月 PDCA

Plan（计划）	
Do（执行）	
Check（检查）	
Action（处理）	

本周纪要

时间:	地点:
主题:	人员:

落实:

时间:	地点:
主题:	人员:

自省:

"怎么组建阿米巴,这是阿米巴经营的开始,也是阿米巴经营的终结",这么说也不为过。阿米巴组织的划分和建设是阿米巴经营的关键。

1月 —第2周—

7 初二
星期一

8 初三
星期二

9 初四
星期三

10 初五
星期四

11 初六
星期五

12 初七
星期六

13 初八
星期日
腊八

　　阿米巴经营要以哲学为基础，正确解决部门间利益冲突的问题，从而同时追求个体和整体的利益。

本周纪要

时间：	地点：
主题：	人员：

落实：

本周纪要

时间:	地点:
主题:	人员:

落实:

时间:	地点:
主题:	人员:

自省:

阿米巴经营有三个目的：第一，确立与市场直接挂钩的分部门的核算制度；第二，培养具有经营者意识的人才；第三，实现以经营哲学为基础的全员参与的经营。

1月 －第3周－

14 初九
星期一

15 初十
星期二

16 十一
星期三

17 十二
星期四

18 十三
星期五

19 十四
星期六

20 十五
星期日
大寒

　　阿米巴经营的特长是，对于领导的意图，现场"一敲就响"，立即呼应。阿米巴经营的好处就在于，想到一个好点子就马上实行，做出成效。

本周纪要

时间：	地点：
主题：	人员：

落实：

本周纪要

时间：	地点：
主题：	人员：

落实：

时间：	地点：
主题：	人员：

自省：

　　阿米巴经营以产品的市场价格为基础，通过公司内部买卖，将市场价格直接传递到各个阿米巴，各个阿米巴依据这种买卖价格展开生产活动。同时，制造部门阿米巴都是独立的利润中心，要在确定的产品价格之下挤出利润。阿米巴带着责任，拼命降低成本。

1月　－第4周－

21 十六 星期一	
22 十七 星期二	
23 十八 星期三	
24 十九 星期四	
25 二十 星期五	
26 廿一 星期六	
27 廿二 星期日	

业绩优秀的阿米巴不会骄傲自大，不会在企业里趾高气扬，也不会得到高额的奖金。作为补偿，取得出色业绩的阿米巴，会得到伙伴们的赞赏和感谢这类精神上的荣誉。

本周纪要

时间：	地点：
主题：	人员：

落实：

本周纪要

时间：	地点：
主题：	人员：

落实：

时间：	地点：
主题：	人员：

自省：

为了提升核算效益，阿米巴的领导人必须具备强烈的意志和使命感：为了企业的发展，为了大家的幸福，无论如何都要提升自己部门的收支效益。

1/2 月 －第5周－

28 廿三
星期一
小年

29 廿四
星期二

30 廿五
星期三

31 廿六
星期四

1 廿七
星期五

2 廿八
星期六

3 廿九
星期日

"不断从事创造性的工作",这就是引导阿米巴成长乃至公司发展的最基本的行动指针。

本周纪要

时间:	地点:
主题:	人员:

落实:

本周纪要

时间：	地点：
主题：	人员：

落实：

时间：	地点：
主题：	人员：

自省：

　　每个阿米巴都独立自主地经营，同时，无论是谁都可以发表自己的意见，为经营出谋献策，并参与制订经营计划。这里的关键不是少数人，而是全体员工共同参与经营。当每个人都通过参与经营得以实现自我，全体员工齐心协力朝着同一个目标努力的时候，团队的目标就能实现。

2月 －第6周－

4 三十 星期一 除夕	
5 正月 初一 星期二 春节	
6 初二 星期三	
7 初三 星期四	
8 初四 星期五	
9 初五 星期六	
10 初六 星期日	

　　"在追求全体员工物质和精神两方面幸福的同时，为人类社会的进步发展做出贡献"是京瓷的经营理念，而阿米巴经营是作为一项制度，将这一理念具体化的经营体系。

2 月 PDCA

Plan（计划）	
Do（执行）	
Check（检查）	
Action（处理）	

本周纪要

时间：	地点：
主题：	人员：

落实：

时间：	地点：
主题：	人员：

自省：

不断地用"作为人，何谓正确"来扪心自问，拿出勇气，把正确的事情贯彻到底。

2 月 － 第 7 周 －

11 初七
星期一

12 初八
星期二

13 初九
星期三

14 初十
星期四
情人节

15 十一
星期五

16 十二
星期六

17 十三
星期日

　　阿米巴经营是一个让每位员工与经营者想法一致、朝着共同目标前进的经营体系。

本周纪要

时间：	地点：
主题：	人员：

落实：

本周纪要

时间：	地点：
主题：	人员：

落实：

时间:	地点:
主题:	人员:

自省:

公司是由各阿米巴支撑起来的。大家都努力提高阿米巴的成果，这样公司的整体成果就会得到提高。

2月 –第8周–

18 +四
星期一

19 +五
星期二
元宵节

20 +六
星期三

21 +七
星期四

22 +八
星期五

23 +九
星期六

24 二十
星期日

在削减费用支出的时候，不能因为感觉上"已到了极限"而放弃努力。要相信人具备无限的可能性，要付出无限的努力。这样的话，利润才可能无限增长。

本周纪要

时间：	地点：
主题：	人员：

落实：

本周纪要

时间：	地点：
主题：	人员：

落实：

时间：	地点：
主题：	人员：

自省：

必须让各道制造工序的领导者实际感觉到"销售"的存在，否则他们就无法产生让销售最大化的意志和热情。

2/3 月 -第9周-

25 廿一 星期一	
26 廿二 星期二	
27 廿三 星期三	
28 廿四 星期四	
1 廿五 星期五	
2 廿六 星期六	
3 廿七 星期日	

　　单纯由管理层来经营企业是远远不够的。为了企业的持续发展，必须让全体员工参与经营，形成强大的合力。这是阿米巴经营的要谛。

本周纪要

时间：	地点：
主题：	人员：

落实：

本周纪要

时间：	地点：
主题：	人员：

落实：

本周纪要

时间:	地点:
主题:	人员:

自省:

　　要把有实力的人提拔为组织的领导者。组织运行中最重要的事情，就是要让真正有实力的人来担任组织的领导。出于温情主义，论资排辈，让缺乏实力的人充当领导，那么公司经营马上就会碰壁，让全体员工陷入不幸。

| 3月　－第 10 周 －

4 廿八
星期一

5 廿九
星期二

6 三十
星期三
惊蛰

7 二月
初一
星期四

8 初二
星期五
妇女节

9 初三
星期六

10 初四
星期日

不论是哪个领域，只要不惜智慧和努力，开发出感动顾客心灵的新产品，就一定能创造出无限的附加价值。

3 月 PDCA

Plan（计划）	
Do（执行）	
Check（检查）	
Action（处理）	

本周纪要

时间：	地点：
主题：	人员：

落实：

时间:	地点:
主题:	人员:

自省:

在建立一个新的组织时，必须清楚地描绘出业务流程，明确各道工序必需的职能，并沿着这个业务流程切实履行各道工序的职能。

3月 – 第 11 周 –

11 初五 星期一	
12 初六 星期二 植树节	
13 初七 星期三	
14 初八 星期四	
15 初九 星期五	
16 初十 星期六	
17 十一 星期日	

对企业而言，现场是基本的。某种问题发生时，要开始某项新的事业时，首先需要到现场。脱离现场，在办公桌旁煞费苦心，空谈理论，绝对解决不了问题。

本周纪要

时间：	地点：
主题：	人员：

落实：

本周纪要

时间：	地点：
主题：	人员：

落实：

时间：	地点：
主题：	人员：

自省：

　　单位时间核算制度是计算每位员工每小时产生多少附加价值的制度。在这种制度中，与其把人看作成本，不如说人是产生附加价值的源泉。在我当社长的年代，出差时我必定随身带着单位时间核算表，一有空闲就拿出来看。

3月 -第12周-

18 十二 星期一	
19 十三 星期二	
20 十四 星期三	
21 十五 星期四 春分	
22 十六 星期五	
23 十七 星期六	
24 十八 星期日	

　　为了企业永续的生存发展，我认为不仅要扩大销售规模，最重要的是确保收益率，就是必须实现高收益。

本周纪要

时间：	地点：
主题：	人员：

落实：

本周纪要

时间：	地点：
主题：	人员：

落实：

时间：	地点：
主题：	人员：

自省：

在阿米巴经营中，无论多么细小的浪费都不能放过。

3月 -第13周-

25 十九
星期一

26 二十
星期二

27 廿一
星期三

28 廿二
星期四

29 廿三
星期五

30 廿四
星期六

31 廿五
星期日

　　阿米巴经营能让员工们感觉到自己亲自经营企业的喜悦，是尊重每一个人劳动的"尊重性的经营"。

本周纪要

时间：	地点：
主题：	人员：

落实：

本周纪要

时间：	地点：
主题：	人员：

落实：

时间：	地点：
主题：	人员：

自省：

第二季·会计七原则　六项精进

在每天忙碌的生活中，

我们很容易迷失自我。

因此，必须有意识地养成自我反省的习惯。

这样做，就能够改正自己的缺点和错误，

提升自我。

4

April

会计七原则 1：——对应的原则。

| 4 月 – 第 14 周 –

1 廿六
星期一
愚人节

2 廿七
星期二

3 廿八
星期三

4 廿九
星期四

5 三月
初一
星期五
清明节

6 初二
星期六

7 初三
星期日

只要物品和金钱流动，表示这种流动结果的票据，就要一一对应地附上。物品流动必须开票，对物品进行确认的票据与物品同时流动。

4 月 PDCA

Plan（计划）	
Do（执行）	
Check（检查）	
Action（处理）	

本周纪要

时间：	地点：
主题：	人员：

落实：

时间:	地点:
主题:	人员:

自省:

会计七原则 2：多重确认的原则。

4 月 –第 15 周–

8 初四
星期一

9 初五
星期二

10 初六
星期三

11 初七
星期四

12 初八
星期五

13 初九
星期六

14 初十
星期日

　　人有时难免会鬼迷心窍，犯"走火入魔"的错误。为了保护员工，让他们免犯这样的错误，就需要至少两个人对数字进行确认。具体来说，从物资材料的接收、进出货到货款的回收，在所有业务流程中的每个环节，都要有多人员或部门进行多次确认，以此来推进工作。

本周纪要

时间：	地点：
主题：	人员：

落实：

本周纪要

时间：	地点：
主题：	人员：

落实：

时间：	地点：
主题：	人员：

自省：

会计七原则 3：完美主义的原则。

4 月　－第 16 周－

15 十一 星期一	
16 十二 星期二	
17 十三 星期三	
18 十四 星期四	
19 十五 星期五	
20 十六 星期六 谷雨	
21 十七 星期日 复活节	

要具备追求完美的坚强意志。在销售、制造、研发等所有环节中，各项工作都要求完美。

本周纪要

时间：	地点：
主题：	人员：

落实：

本周纪要

时间：	地点：
主题：	人员：

落实：

时间：	地点：
主题：	人员：

自省：

会计七原则 4：筋肉坚实的原则。

| 4 月 　– 第 17 周 –

22 十八
星期一
地球日

23 十九
星期二
世界读书日

24 二十
星期三

25 廿一
星期四

26 廿二
星期五

27 廿三
星期六

28 廿四
星期日

阿米巴经营要求排除任何不必要的经费开支。为此，公司必须筋肉坚实。

本周纪要

时间：	地点：
主题：	人员：

落实：

本周纪要

时间：	地点：
主题：	人员：

落实：

时间：	地点：
主题：	人员：

自省：

会计七原则 5：提升效益的原则。

| 4/5 月 　－第 18 周－

29 廿五 星期一	
30 廿六 星期二	
1 廿七 星期三 劳动节	
2 廿八 星期四	
3 廿九 星期五	
4 三十 星期六 青年节	
5 三月 初一 星期日	

提升核算效益是促使公司繁荣的必要条件。要彻底实行"销售最大化，经费最小化"这一原则。

本周纪要

时间：	地点：
主题：	人员：

落实：

本周纪要

时间:	地点:
主题:	人员:

落实:

时间：	地点：
主题：	人员：

自省：

会计七原则6：现金本位的经营原则。

5月 -第19周-

6 初二 星期一 立夏	

7 初三 星期二	

8 初四 星期三	

9 初五 星期四	

10 初六 星期五	

11 初七 星期六	

12 初八 星期日 母亲节	

所谓现金本位的经营原则，就是把焦点集中在"现金的流动"上，从而使经营单纯化。

5月 PDCA

Plan（计划）	
Do（执行）	
Check（检查）	
Action（处理）	

本周纪要

时间：	地点：
主题：	人员：

落实：

时间:	地点:
主题:	人员:

自省:

会计七原则 7: 玻璃般透明的经营原则。

5月 -第20周-

13 初九 星期一	
14 初十 星期二	
15 十一 星期三	
16 十二 星期四	
17 十三 星期五	
18 十四 星期六	
19 十五 星期日	

要把经过财务处理后的经营数字透明化，要让干部和普通员工都能读懂。员工掌握经营的实态，就能产生经营者意识。

本周纪要

时间：	地点：
主题：	人员：

落实：

本周纪要

时间：	地点：
主题：	人员：

落实：

时间：	地点：
主题：	人员：

自省：

六项精进之一：付出不亚于任何人的努力。

| 5 月 – 第 21 周 –

20 十六 星期一	
21 十七 星期二 小满	
22 十八 星期三	
23 十九 星期四	
24 二十 星期五	
25 廿一 星期六	
26 廿二 星期日	

　　劳动获得的喜悦是特别的喜悦，玩耍和趣味根本无法替代。聚精会神，孜孜不倦，克服艰辛后达到目标时的成就感，是世上最大的喜悦。

本周纪要

时间：	地点：
主题：	人员：

落实：

本周纪要

时间：	地点：
主题：	人员：

落实：

时间：	地点：
主题：	人员：

自省：

六项精进之二：要谦虚，不要骄傲。

| 5/6 月 - 第 22 周 -

27 廿三 星期一	
28 廿四 星期二	
29 廿五 星期三	
30 廿六 星期四	
31 廿七 星期五	
1 廿八 星期六 儿童节	
2 廿九 星期日	

敬天爱人：始终以光明正大、谦虚之心对待工作，敬奉天理，关爱世人。

本周纪要

时间：	地点：
主题：	人员：

落实：

本周纪要

时间：	地点：
主题：	人员：

落实：

时间：	地点：
主题：	人员：

自省：

六项精进之三：要每天反省。

| 6月 – 第23周 –

3 五月
初一
星期一

4 初二
星期二

5 初三
星期三

6 初四
星期四
芒种

7 初五
星期五
端午节

8 初六
星期六

9 初七
星期日

在每天忙碌的生活中，我们很容易迷失自我。因此，必须有意识地养成自我反省的习惯，这样做，就能够改正自己的缺点和错误，提升自我。

6 月 PDCA

Plan（计划）	
Do（执行）	
Check（检查）	
Action（处理）	

本周纪要

时间：	地点：
主题：	人员：

落实：

时间:	地点:
主题:	人员:

自省:

六项精进之四：活着就要感谢。

|6月 – 第24周 –

10 初八 星期一	
11 初九 星期二	
12 初十 星期三	
13 十一 星期四	
14 十二 星期五	
15 十三 星期六	
16 十四 星期日 父亲节	

在日常活动中，只要拥有美丽的心灵，即使物质不够丰足，我们也同样能够感受幸福。

本周纪要

时间：	地点：
主题：	人员：

落实：

本周纪要

时间:	地点:
主题:	人员:

落实:

时间:	地点:
主题:	人员:

自省:

六项精进之五：积善行，思利他。

6月 -第25周-

17 十五 星期一	
18 十六 星期二	
19 十七 星期三	
20 十八 星期四	
21 十九 星期五 夏至	
22 二十 星期六	
23 廿一 星期日	

以利他之心为基础判断时，就能看见事物的核心，判断就很少失误。

本周纪要

时间：	地点：
主题：	人员：

落实：

本周纪要

时间:	地点:
主题:	人员:

落实:

时间：	地点：
主题：	人员：

自省：

六项精进之六：不要有感性的烦恼。

|6月 –第26周–

24 廿二 星期一	
25 廿三 星期二	
26 廿四 星期三	
27 廿五 星期四	
28 廿六 星期五	
29 廿七 星期六	
30 廿八 星期日	

全力过好今天，就能看清明天，这个月拼命工作，就能看清下个月；今年竭尽全力，就能看清明年。每日每时不懈努力，这种人生态度才是最重要的。

本周纪要

时间：	地点：
主题：	人员：

落实：

本周纪要

时间:	地点:
主题:	人员:

落实:

时间：	地点：
主题：	人员：

自省：

第三季·经营十二条

一天的努力，

只有微小的成果，

但是锲而不舍，改良、改善，积累一年，

就可能带来可观的变化。

7

July

经营十二条之第一条：明确事业的目的和意义。

| 7 月 – 第 27 周 –

1 廿九
星期一
建党节

2 三十
星期二

3 六月
初一
星期三

4 初二
星期四

5 初三
星期五

6 初四
星期六

7 初五
星期日
小暑

对于经营者而言，幸福是什么呢？不是为了自己，而是为社会为世人做有意义的事，并且对此感到自豪和自信，这种自豪和自信在我们面临经营困难的时候会给予我们巨大的勇气，同时，当我们在做这些好事的时候，我们会感觉到喜悦。

7 月 PDCA

Plan（计划）	
Do（执行）	
Check（检查）	
Action（处理）	

本周纪要

时间：	地点：
主题：	人员：

落实：

时间：	地点：
主题：	人员：

自省：

经营十二条之第二条：设立具体目标。

| 7 月 　－ 第 28 周 －

8 初六
星期一

9 初七
星期二

10 初八
星期三

11 初九
星期四

12 初十
星期五

13 十一
星期六

14 十二
星期日

想要成就新的事业，首先应抱有"非这样不可"的梦想与希望，乐观地设定目标。

愿景，也就是公司的目标，必须充满着梦想。同时，还要制订实现的具体计划。

本周纪要

时间：	地点：
主题：	人员：

落实：

本周纪要

时间：	地点：
主题：	人员：

落实：

时间：	地点：
主题：	人员：

自省：

经营十二条之第三条：胸中怀有强烈的愿望。

| 7 月 – 第 29 周 –

15 +三 星期一	
16 +四 星期二	
17 +五 星期三	
18 +六 星期四	
19 +七 星期五	
20 +八 星期六	
21 +九 星期日	

目标越比越高，越是要怀抱实现目标的强烈而持久的愿望。

本周纪要

时间：	地点：
主题：	人员：

落实：

本周纪要

时间：	地点：
主题：	人员：

落实：

时间：	地点：
主题：	人员：

自省：

经营十二条之第四条：付出不亚于任何人的努力。

| 7月 -第30周-

22 二十 星期一	
23 廿一 星期二 大暑	
24 廿二 星期三	
25 廿三 星期四	
26 廿四 星期五	
27 廿五 星期六	
28 廿六 星期日	

　　不仅是为了获得成功必须勤奋努力，就是为了生存也必须"付出不亚于任何人的努力"。这乃是自然的法则。

本周纪要

时间：	地点：
主题：	人员：

落实：

本周纪要

时间:	地点:
主题:	人员:

落实:

时间:	地点:
主题:	人员:

自省：

经营十二条之第五条：销售最大化，费用最小化。

| 7/8 月 　－第31周－

29 廿七
星期一

30 廿八
星期二

31 廿九
星期三

1 七月
初一
星期四
建军节

2 初二
星期五

3 初三
星期六

4 初四
星期日

　　全体员工都瞄准"销售最大化，费用最小化"这个目标不断努力，是让企业发展成高收益企业的最可靠的方法。

本周纪要

时间：	地点：
主题：	人员：

落实：

本周纪要

时间：	地点：
主题：	人员：

落实：

时间:	地点:
主题:	人员:

自省:

经营十二条之第六条：定价即经营。

| 8月 – 第32周 –

5 初五 星期一	
6 初六 星期二	
7 初七 星期三 七夕	
8 初八 星期四 立秋	
9 初九 星期五	
10 初十 星期六	
11 十一 星期日	

在正确判断产品价值的基础上，寻求单个的利润与销售数量乘积最大值，据此定价。

在决定价格的瞬间，必须考虑如何降低采购成本和生产成本。

8月 PDCA

Plan（计划）	
Do（执行）	
Check（检查）	
Action（处理）	

本周纪要

时间：	地点：
主题：	人员：

落实：

时间：	地点：
主题：	人员：

自省：

经营十二条之第七条：经营取决于坚强的意志。

|8月 – 第33周 –

12 十二 星期一	
13 十三 星期二	
14 十四 星期三	
15 十五 星期四 中元节	
16 十六 星期五	
17 十七 星期六	
18 十八 星期日	

体现经营者意志的经营目标必须成为全体员工的共同意志。

本周纪要

时间：	地点：
主题：	人员：

落实：

本周纪要

时间：	地点：
主题：	人员：

落实：

时间：	地点：
主题：	人员：

自省：

稻盛和夫说

经营十二条之第八条：燃烧的斗魂。

|8月 –第34周–

19 +九 星期一	
20 二十 星期二	
21 廿一 星期三	
22 廿二 星期四	
23 廿三 星期五 处暑	
24 廿四 星期六	
25 廿五 星期日	

经营需要强烈的斗志，其程度不亚于任何格斗竞技运动。

本周纪要

时间：	地点：
主题：	人员：

落实：

本周纪要

时间:	地点:
主题:	人员:

落实:

时间：	地点：
主题：	人员：

自省：

经营十二条之第九条：临事有勇。

8/9 月 －第35周－

26 廿六 星期一	
27 廿七 星期二	
28 廿八 星期三	
29 廿九 星期四	
30 八月 初一 星期五	
31 初二 星期六	
1 初三 星期日	

依据原理原则作出正确决断确实需要勇气。反过来讲，不能期待缺乏勇气的人会作出正确的决断。

本周纪要

时间：	地点：
主题：	人员：

落实：

本周纪要

时间:	地点:
主题:	人员:

落实:

时间:	地点:
主题:	人员:

自省:

经营十二条之第十条：不断从事创造性的工作。

9月 － 第 36 周 －

2 初四
星期一

3 初五
星期二

4 初六
星期三

5 初七
星期四

6 初八
星期五

7 初九
星期六

8 初十
星期日
白露

一天的努力，只有微小的成果，但只要锲而不舍，改良、改善，积累一年，就可能带来可观的变化。

9 月 PDCA

Plan（计划）	
Do（执行）	
Check（检查）	
Action（处理）	

本周纪要

时间：	地点：
主题：	人员：

落实：

时间:	地点:
主题:	人员:

自省:

经营十二条之第十一条：以关怀之心，诚实处世。

9月 －第37周－

9 +一 星期一	
10 +二 星期二 教师节	
11 +三 星期三	
12 +四 星期四	
13 +五 星期五 中秋节	
14 +六 星期六	
15 +七 星期日	

尊重对方，为对方着想，也就是"利他"的行为，乍看似乎会给自己带来损害，但从长远看，一定会给自己和别人都带来良好的结果。

本周纪要

时间：	地点：
主题：	人员：

落实：

本周纪要

时间:	地点:
主题:	人员:

落实:

时间：	地点：
主题：	人员：

自省：

经营十二条之第十二条：保持乐观向上的态度，抱着梦想和希望，以坦诚之心处世。

9月 – 第 38 周 –

16 十八
星期一

17 十九
星期二

18 二十
星期三

19 廿一
星期四

20 廿二
星期五

21 廿三
星期六

22 廿四
星期日

现在不论处于何种逆境，自己一定会时来运转，以正面积极的态度看待人生。这不仅是人生成功的铁则，更是经营者的生存智慧。

本周纪要

时间：	地点：
主题：	人员：

落实：

本周纪要

时间:	地点:
主题:	人员:

落实:

时间：	地点：
主题：	人员：

自省：

得意时不忘形，失意时不消沉，每天勤奋工作。

|9月 -第39周-

23 廿五 星期一 秋分	
24 廿六 星期二	
25 廿七 星期三	
26 廿八 星期四	
27 廿九 星期五	
28 三十 星期六	
29 九月 初一 星期日	

我总是利用各种各样的场合，反复地给人家讲述作为人应有的思维方式，包括公平、公正、正义、勇气、诚实、忍耐、努力、亲切、谦虚、博爱，等等。

本周纪要

时间:	地点:
主题:	人员:

落实:

本周纪要

时间：	地点：
主题：	人员：

落实：

时间：	地点：
主题：	人员：

自省：

第四季 · 领导者的资质

无论如何也要让梦想成真!

抱着强烈的愿望,

付出不懈的努力,

能力一定能提高,

局面一定能打开。

10

October

领导者的资质 1：具备使命感。

| **9/10 月** —第 40 周—

| 30 初二
| 星期一

| 1 初三
| 星期二
| 国庆节

| 2 初四
| 星期三

| 3 初五
| 星期四

| 4 初六
| 星期五

| 5 初七
| 星期六

| 6 初八
| 星期日

"无论如何也要让梦想成真!"抱着强烈的愿望,付出不懈的努力,能力一定能提高,局面一定能打开。

10 月 PDCA

Plan(计划)	
Do(执行)	
Check(检查)	
Action(处理)	

本周纪要

时间：	地点：
主题：	人员：

落实：

时间：	地点：
主题：	人员：

自省：

领导者的资质 2: 明确地描述目标并实现目标。

| 10 月 　-第 41 周 -

7 初九 星期一 重阳节	
8 初十 星期二 寒露	
9 十一 星期三	
10 十二 星期四	
11 十三 星期五	
12 十四 星期六	
13 十五 星期日	

局面越是艰难，越是不能失去梦想和希望。一方面，要坚定"无论如何也必须苦干"的坚强决心，另一方面，是抱持"不管怎样，自己的未来一定光明灿烂"的必胜信念。

本周纪要

时间：	地点：
主题：	人员：

落实：

本周纪要

时间：	地点：
主题：	人员：

落实：

时间：	地点：
主题：	人员：

自省：

领导者的资质 3：挑战新事物。

10 月 — 第 42 周 —

14 十六
星期一

15 十七
星期二

16 十八
星期三

17 十九
星期四

18 二十
星期五

19 廿一
星期六

20 廿二
星期日

"能力要用将来进行时"，能做到这一点的人就能把困难的工作引向成功。

本周纪要

时间：	地点：
主题：	人员：

落实：

本周纪要

时间：	地点：
主题：	人员：

落实：

时间：	地点：
主题：	人员：

自省：

领导者的资质 4：获取众人的信任和尊敬。

| 10 月 –第 43 周–

21 廿三
星期一

22 廿四
星期二

23 廿五
星期三

24 廿六
星期四
霜降

25 廿七
星期五

26 廿八
星期六

27 廿九
星期日

当全体员工的力量向着同一个方向凝聚在一起的时候，就会产生成倍的力量，创造出惊人的成果。

本周纪要

时间：	地点：
主题：	人员：

落实：

本周纪要

时间:	地点:
主题:	人员:

落实:

时间：	地点：
主题：	人员：

自省：

领导者的资质 5：抱有关爱之心。

| 10/11 月 —第 44 周 —

28 十月 初一 星期一	
29 初二 星期二	
30 初三 星期三	
31 初四 星期四	
1 初五 星期五 万圣节	
2 初六 星期六	
3 初七 星期日	

　　领导人必须持有一颗对他人充满义真、慈悲和善良之心，祈愿部下及其家族都能过上幸福生活，祈愿交易商、客户及社会所有的人生活幸福。抱着这种深沉的爱去工作，去做事业，就能得到周围人的帮助，甚至可以获得天助，事业也就能顺利发展。

本周纪要

时间：	地点：
主题：	人员：

落实：

本周纪要

时间：	地点：
主题：	人员：

落实：

时间：	地点：
主题：	人员：

自省：

领导人就要以不管怎样都要实现目标的坚强意志鼓励部下，直到月末最后一天的截止时间为止，全员都要团结一致为完成计划而努力奋斗，这才是重要的。

11月 –第45周–

4 初八
星期一

5 初九
星期二

6 初十
星期三

7 十一
星期四

8 十二
星期五
立冬

9 十三
星期六

10 十四
星期日

　　在社会结构中，需要有这样的领导人，为了使社会变得更好，他们必须用自己的才能来回报社会。

11 月 PDCA

Plan（计划）	
Do（执行）	
Check（检查）	
Action（处理）	

本周纪要

时间：	地点：
主题：	人员：

落实：

时间：	地点：
主题：	人员：

自省：

作为领导人，你自己是不是"付出了不亚于任何人的努力"，以至让部下觉得"我们的头头那么拼命干，我也得助他一臂之力啊！"

| 11 月 – 第 46 周 –

11 十五
星期一

12 十六
星期二

13 十七
星期三

14 十八
星期四

15 十九
星期五

16 二十
星期六

17 廿一
星期日

作为领导人，要按照"乐观构想、悲观计划、快乐实行"的程序推进工作。

本周纪要

时间：	地点：
主题：	人员：

落实：

本周纪要

时间：	地点：
主题：	人员：

落实：

时间：	地点：
主题：	人员：

自省：

人的心灵犹如庭院，如果不加耕耘，任其荒芜，不去播种美丽的花草，那就会杂草丛生。

| 11 月 – 第 47 周 –

18 廿二
星期一

19 廿三
星期二

20 廿四
星期三

21 廿五
星期四

22 廿六
星期五
小雪

23 廿七
星期六

24 廿八
星期日

我认为，让成功持续的所谓"干法"，最重要的一点就是"无私"，就是抱着无私之心去工作、去做事。动机至善，私心了无。

本周纪要

时间：	地点：
主题：	人员：

落实：

本周纪要

时间：	地点：
主题：	人员：

落实：

时间：	地点：
主题：	人员：

自省：

人生不是一场盛宴，而是一场修炼。人生的唯一目的就是修炼灵魂，使其在谢幕之时，比开幕之初，高尚一点。

| 11/12 月　–第48周–

25 廿九 星期一	
26 十一月 初一 星期二	
27 初二 星期三	
28 初三 星期四 感恩节	
29 初四 星期五	
30 初五 星期六	
1 初六 星期日	

人生·工作结果 = 思维方式 × 热情 × 能力
　　　　　　　(-100～100)(0～100)(0～100)

　　人生和工作的结果由"思维方式""热情"和"能力"三个要素的乘积决定。"热情"和"能力"分别可以从 0 分到 100 分打分，两者相乘。在这之后，再乘上"思维方式"。所谓"思维方式"就是人生态度，从负 100 分到正 100 分打分。因为是相乘关系，稍稍负面的思维方式，就会带来负的人生结果。能力和热情固然重要，但最重要的是具备正确的思维方式。

本周纪要

时间：	地点：
主题：	人员：

落实：

本周纪要

时间:	地点:
主题:	人员:

落实:

时间：	地点：
主题：	人员：

自省：

在尚有余裕时不可怠慢、不可自满，始终保持紧张感，全力以赴。养成这种习惯，工作和人生都能稳步向前。

| 12 月　–第 49 周 –

2 初七
星期一

3 初八
星期二

4 初九
星期三

5 初十
星期四

6 十一
星期五

7 十二
星期六
大雪

8 十三
星期日

　　人最伟大的能力，是战胜自我的能力。只要战胜自己，就能克服其他壁障，取得卓越的成果。

12 月 PDCA

Plan（计划）	
Do（执行）	
Check（检查）	
Action（处理）	

本周纪要

时间:	地点:
主题:	人员:

落实:

时间：	地点：
主题：	人员：

自省：

现代企业经营最重视速度，如何提高时间效率成了竞争取胜的关键。

12 月 －第 50 周－

9 十四
星期一

10 十五
星期二

11 十六
星期三

12 十七
星期四

13 十八
星期五
国家公祭日

14 十九
星期六

15 二十
星期日

能够把平凡的工作做成卓越的事业，这样的企业才是真正非凡的企业。

本周纪要

时间：	地点：
主题：	人员：

落实：

本周纪要

时间:	地点:
主题:	人员:

落实:

| 时间： | 地点： |
| 主题： | 人员： |

自省：

如果你内心不予呼唤，方法不会来，成功也不会来。

12月 –第51周–

16 廿一
星期一

17 廿二
星期二

18 廿三
星期三

19 廿四
星期四

20 廿五
星期五

21 廿六
星期六

22 廿七
星期日
冬至

要使公司将来依然出色，只能靠我们每个人在各自的岗位上、职责内，竭尽全力地履行自己应尽的责任。

本周纪要

时间：	地点：
主题：	人员：

落实：

本周纪要

时间：	地点：
主题：	人员：

落实：

时间：	地点：
主题：	人员：

自省：

即使遭遇困难，也决不逃避。当你陷入困境、苦苦挣扎时，如果抱有"无论如何也必须成功"的紧迫感，就会发现平时忽视的现象，从而找到解决问题的线索。人往往趋向于避难就易，因此，要时时有意识地把自己逼入后无退路的精神状态，这样就能够催生出连自己都惊讶的成果。

| 12 月　-第52周-

23 廿八
星期一

24 廿九
星期二
平安夜

25 三十
星期三
圣诞节

26 十二月
初一
星期四

27 初二
星期五

28 初三
星期六

29 初四
星期日

有目的、有意识地集中意识，就叫"有意注意"。无论何时，无论何种环境下，无论多么细小的事情，都应该用心关注，认真对待。

本周纪要

时间：	地点：
主题：	人员：

落实：

本周纪要

时间：	地点：
主题：	人员：

落实：

时间：	地点：
主题：	人员：

自省：

当你每天都聚精会神、全身心投入工作的时候，低效的、漫不经心的现象就会消失。

| 12/1 月 –第53周–

30 初五 星期一	
31 初六 星期二	
1 初七 星期三 元旦	
2 初八 星期四 腊八节	
3 初九 星期五	
4 初十 星期六	
5 十一 星期日	

　　现在是过去努力的结果，将来如何由现在的努力决定。现在的每一瞬间都与未来相关，都左右着未来的结果。

本周纪要

时间：	地点：
主题：	人员：

落实：

本周纪要

时间:	地点:
主题:	人员:

落实:

时间：	地点：
主题：	人员：

自省：

阿米巴经营 ABC

1. 每位员工都是经营的主角

为使公司全体成员得到成长，在优秀的经营理念的指导下，要不断地创造出利润，而利润是在实践"销售最大化、费用最小化"中产生的。

在工作现场，每天都会产生销售和费用，比如从客户那里获得的订单减少了，必须降低成本等。只要有钱和物的流动，就会产生销售和费用。

大家要这样思考：如何把这些变成具体的数字，让员工切实地感受到？怎样做才能让部门的经营变好？

也就是说，阿米巴经营是让每一位员工成为主角，自发地参与部门经营，进而实现全员参与经营的手法。

2. 阿米巴组织是什么？

（1）使小集体的能量最大化

阿米巴经营是把组织细分为小单位、小集体进行独立核算。不是要创建特别的组织，而是按照作用和职能，把现在的车间和部门划分为简易的单位，使它们的经营活动一目了然。

各阿米巴设有阿米巴长，各负其责，各自运营，打造以阿米巴长为中心、部门独立核算、全员参与经营的体制。

（2）阿米巴是公司这个命运共同体的一员

阿米巴组织是在明确公司整体职能的基础上，再细化各自的职能。能实行独立核算的最小单位组织被称为"阿米巴"。

　　各个阿米巴为了提高核算能力，需要与其他阿米巴组织合作并相互支持。

　　阿米巴组织除了支持公司整体运营以外，作为公司命运共同体的一员，还要努力发挥其职能。

　　公司是由各个阿米巴支撑起来的。大家都努力提高阿米巴的成果，这样公司的整体成果就会得到提高。

3. 单位时间核算表

　　阿米巴经营的单位时间核算表犹如家庭记账本，用于掌握各部门的收支，如实记录每个月的销售和费用是怎样产生的。单位时间核算表的优点是：

（1）追求附加价值

从各部门的收入中减掉费用，算出附加价值，再除以部门劳动时间，就算出了每小时的附加价值，即"单位时间附加价值"。追求提高单位时间附加价值，进而提高核算能力。

（2）用金额表示成果

在单位时间核算表里，成果不用数量表示，而全部用金额表示，这样就更能感受到金钱的去向。

（3）强化时间意识

为了提高单位时间附加价值，有"增加收入""削减经费""减少时间"三个重点。阿米巴引入了时间概念，让大家自觉地感知到时间的重要性，进而增强企业的竞争力。

4. 怎样召开部门会议？

（1）部门会议的目的

领导者在明确部门下个月目标的基础上，设定为了达成目标的具体待解决的课题，以达到整合全员力量的目的。

（2）部门会议的要点

①分析实际业绩的内容，并对上个月的情况进行反省

通过核算表将目标完成的情况和取得的成果反馈给员工。

②列出现场课题和问题点，听取意见，提出改善的对策

激发现场责任人的想法和智慧是领导者的重要职责。

③公布当月的预定和要开展的课题

用自己的语言描述无论如何都要达成预期目标的想法。

尽可能具体地说出怎样采取行动才能达成目标。

把需要达成的目标体现在部门核算表上，使全体员工抱有为部门、为社会作贡献的想法。

④ 向员工描述本部门的目标、愿景

领导者要用自己的语言向员工描述本部门存在的意义、目标和应有的姿态。

月　日（　　　）

完　成 ☐
未完成 ☐

月　日（　　　）

完　成 ☐
未完成 ☐

月　日（　　　）

完　成 ☐
未完成 ☐

月　日（　　　）

完　成 ☐
未完成 ☐

月　日（　　　）

完　成 ☐
未完成 ☐

月　日（　　　）

完　成 ☐
未完成 ☐

月　日（　　　）

完　成 ☐
未完成 ☐

月　日（　　　）

完　成 ☐
未完成 ☐

月　　日（　　　　　）

完　成 ☐

未完成 ☐

月　　日（　　　　　）

完　成 ☐

未完成 ☐

月　　日（　　　　　）

完　成 ☐

未完成 ☐

月　　日（.　　　　　）

完　成 ☐

未完成 ☐

月　　日（　　　　　）

完　成 ☐

未完成 ☐

月　　日（　　　　　）

完　成 ☐

未完成 ☐

月　　日（　　　　　）

完　成 ☐

未完成 ☐

月　　日（　　　　　）

完　成 ☐

未完成 ☐

图书在版编目（CIP）数据

稻盛和夫时间管理手账 / 中国大百科全书出版社编.
-- 北京：中国大百科全书出版社，2018.9
ISBN 978-7-5202-0355-5

Ⅰ. ①稻… Ⅱ. ①中… Ⅲ. ①本册 ②时间－管理－通俗读物
Ⅳ. ① TS951.5②C935-49

中国版本图书馆 CIP 数据核字（2018）第 218183 号

策 划 人：曾 辉

责任编辑：曾 辉

责任印制：魏 婷

装帧设计：今亮后声 HOPESOUND
pankouyugu@163.com

出版发行：中国大百科全书出版社

地　　址：北京阜成门北大街 17 号

邮政编码：100037

电　　话：010-88390969

网　　址：www.ecph.com.cn

印　　刷：北京汇瑞嘉合文化发展有限公司

开　　本：130mm×210mm　1/32

印　　张：8

字　　数：30 千字

版　　次：2018 年 9 月第 1 版　2018 年 9 月第 1 次印刷

定　　价：58.00 元